1-1 時こくと①

1　まいさんは，午前7時50分に家を出て，20分歩いて学校に着きました。学校に着いた時こくは何時何分ですか。

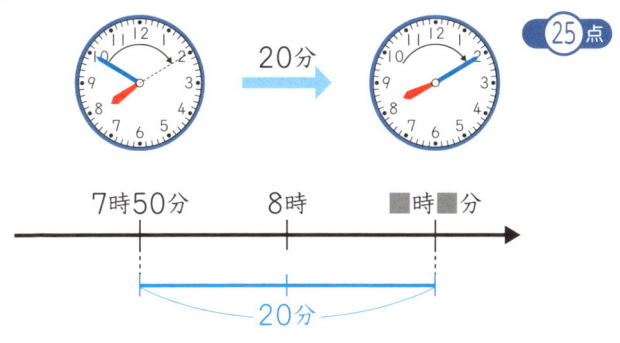

答え _____

2　きゅう食を食べ始める時こくは，午前12時40分です。きゅう食を食べている時間は20分です。きゅう食を食べ終わる時こくは何時ですか。

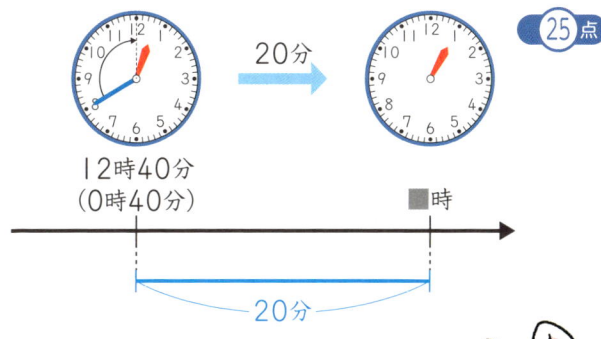

午前12時40分＝午後0時40分

答え _____

レッツ！えいご①　会話
Let's go.
［レッツ　ゴウ］

3 5時間目のじゅ業は，午後1時45分から始まります。じゅ業の時間は45分です。5時間目のじゅ業が終わる時こくは，何時何分ですか。 25点

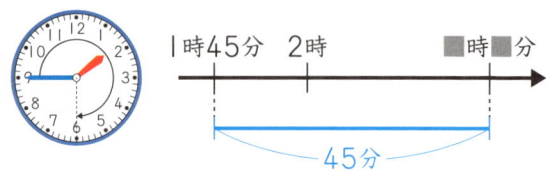

答え _____

4 ゆきえさんは，午後3時に家を出て1時間10分かけて親せきの家に着きました。親せきの家に着いた時こくは，何時何分ですか。 25点

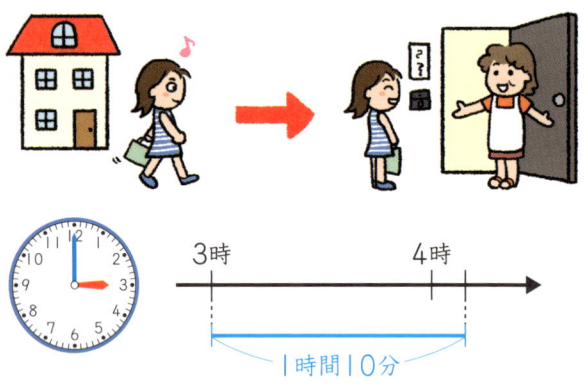

答え _____

時こくと時間の文章題 ②

1 午前8時50分に学校を出て，はく物館に行きます。はく物館には，午前9時20分に着きました。かかった時間は何分ですか。

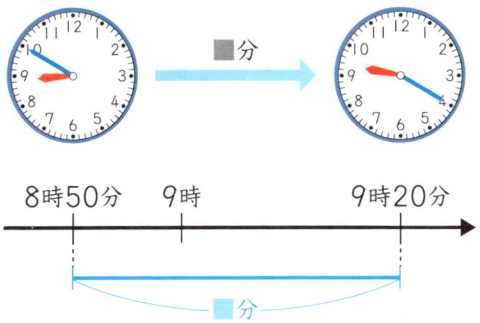

答え _____

2 午前9時20分にはく物館に着いて，午前11時10分まで見学をします。見学の時間は，何時間何分ですか。

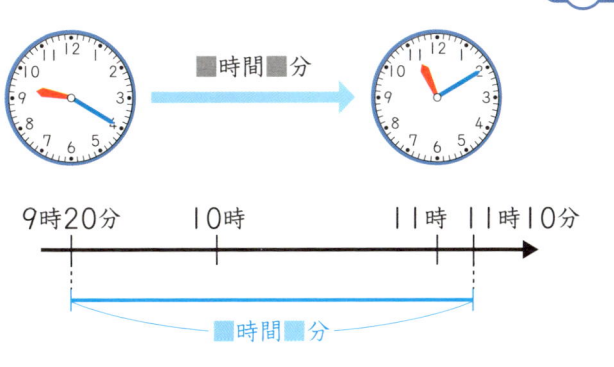

答え _____

Let's eat.
［レッツ イート］

3 午前10時10分にふもとを出発して，午前11時25分に山ちょうに着きました。山登りにかかった時間は，何時間何分ですか。

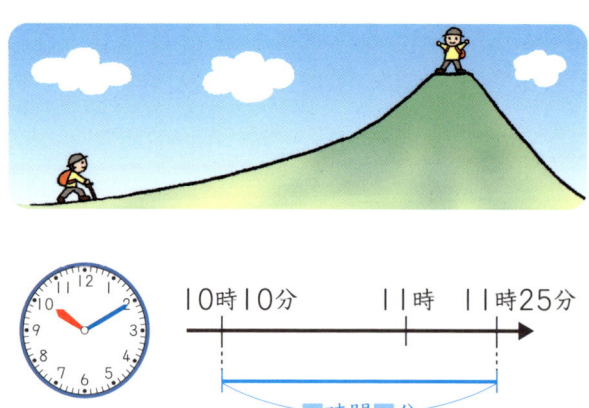

答え _____

4 午前11時25分から午後0時15分まで，山ちょうでお昼ごはんを食べました。お昼ごはんを食べていた時間は何分ですか。

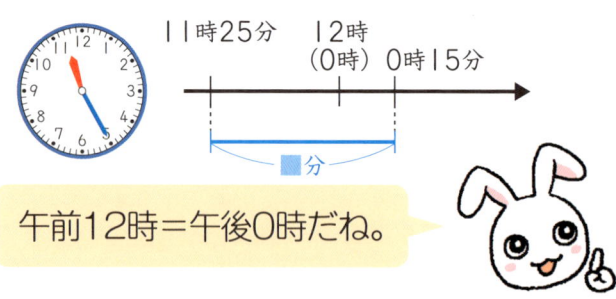

午前12時＝午後0時だね。

答え _____

②やく　さあ，食べよう。

時こくと時間の文章題 ③

1 学校が始まる時こくは，午前8時10分です。家から学校まで歩いて20分かかります。何時何分に家を出れば間に合いますか。

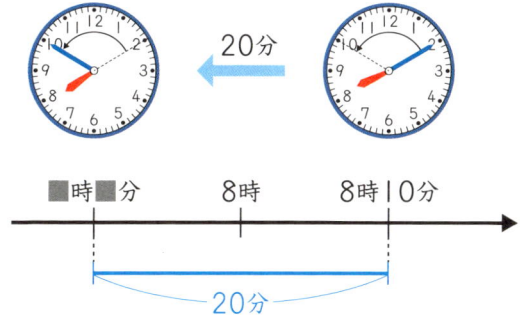

答え _____

2 なおみさんは，家を出て25分歩いてプールに行きました。プールに着いた時こくは，午後3時15分です。家を出た時こくは何時何分ですか。

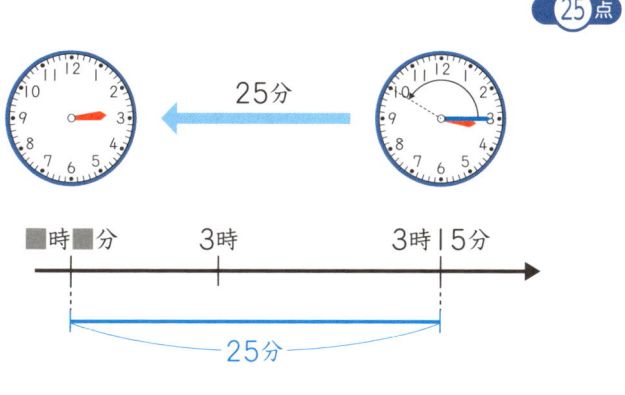

答え _____

レッツ！えいご ③
会話
Let me help.
［レット ミー ヘルプ］

3 花火大会が終わる時こくは午後9時です。花火が打ち上げられている時間は1時間30分です。花火大会が始まる時こくは,何時何分ですか。 (25点)

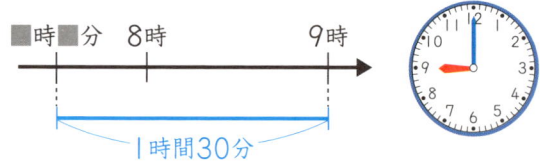

答え _____

4 こうたさんの毎日のすいみん時間は9時間で,毎朝午前6時に起きます。こうたさんがねる時こくは,何時ですか。 (25点)

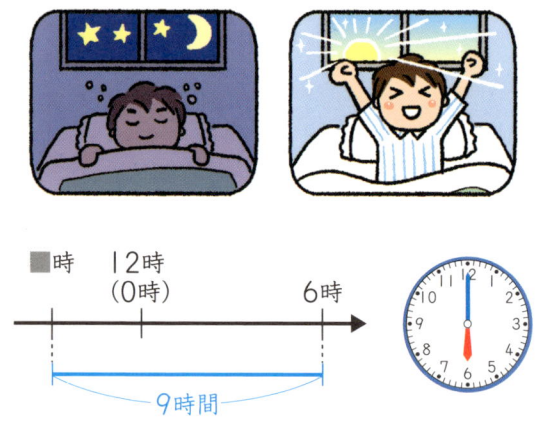

答え _____

③やく　手つだいます。

時こくと時間の文章題④

1 西小学校には，午前に20分，午後に25分の休み時間があります。西小学校の休み時間は，あわせて何分ですか。 （25点）

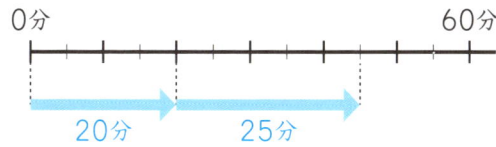

答え _____

2 東小学校の遠足で，行きに40分，帰りに50分歩きます。歩く時間はあわせて何時間何分ですか。 （25点）

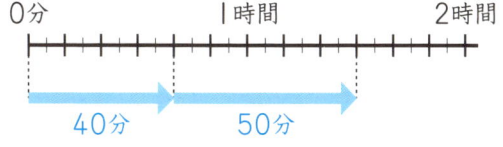

答え _____

3 さとしさんは20分歩いて駅まで行き，50分電車にのって海に行きました。さとしさんの家から海までかかった時間は，何時間何分ですか。

答え _____

4 ひろしさんのきのうの学習時間は1時間40分，今日の学習時間は，1時間30分です。ひろしさんのきのうと今日の学習時間をあわせると，何時間何分になりますか。

答え _____

④やく　わたしにやらせて。

時こくと時間の文章題⑤

1 れいなさんの家から公園まで30分かかります。午後3時20分に公園に着くには，家を何時何分に出るとよいですか。　**25点**

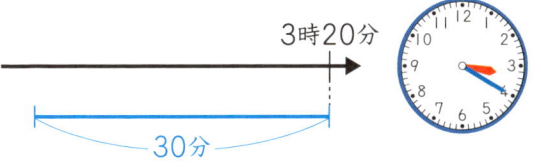

答え _____

2 ゆうたさんたちは，午前10時50分に家を出て，午後1時にサッカー場に着きました。サッカー場までどれだけ時間がかかりましたか。　**25点**

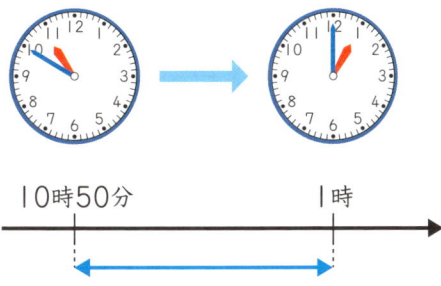

答え _____

Be careful.
[ビー　ケアフル]

3 あおいさんはプールを泳いでおうふくしました。行きが35秒，帰りが42秒でした。あわせると何分何秒になりますか。 25点

1分＝60秒だったね。

答え _____

4 1しゅう目は42秒，2しゅう目は46秒で校庭を走りました。1しゅう目と2しゅう目をあわせると何分何秒になりますか。 25点

答え _____

⑤やく　気をつけて。

時こくと時間の文章題⑥

1 午前9時15分に家を出て，30分後に図書館に着きました。図書館に着いた時こくを答えましょう。 25点

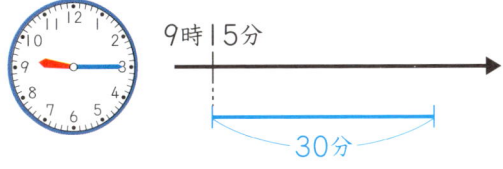

答え _____

2 遊園地で5時間遊んで，午後3時30分に遊園地を出ることにしました。何時何分に遊園地にとう着すればよいですか。 25点

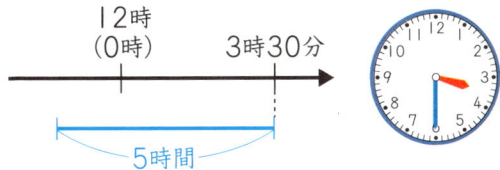

答え _____

レッツ！えいご⑥ 会話 Cheer up. ［チア　アップ］

3 午前9時35分に家を出て、45分かけてスーパーマーケットに行きました。スーパーマーケットに着いた時こくは何時何分ですか。 25点

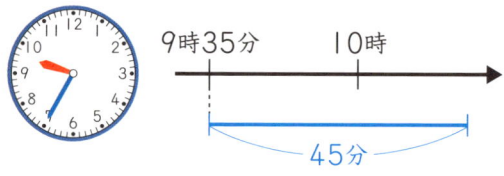

答え _____

4 3人でリレーをします。りょうたさんは21秒、あきやさんは23秒、ゆうまさんは19秒で走りました。3人あわせて何分何秒ですか。 25点

答え _____

⑥やく　元気だして。

九九の計算／わり算の計算①

1 かけ算をしましょう。

① 2×4＝

② 1×9＝

③ 7×2＝

④ 4×10＝

⑤ 8×9＝

⑥ 0×4＝

⑦ 0×9＝

⑧ 3×8＝

⑨ 12×0＝

⑩ 8×4＝

⑪ 6×9＝

⑫ 8×8＝

⑬ 7×4＝

⑭ 9×7＝

⑮ 10×3＝

⑯ 4×7＝

⑰ 6×4＝

⑱ 5×5＝

⑲ 7×7＝

⑳ 9×8＝

Go ahead.
[ゴウ　アヘッド]

2 わり算をしましょう。

① 6÷3=

② 72÷8=

③ 8÷2=

④ 0÷6=

⑤ 12÷4=

⑥ 21÷7=

⑦ 28÷7=

⑧ 35÷5=

⑨ 32÷4=

⑩ 18÷2=

⑪ 64÷8=

⑫ 25÷5=

⑬ 20÷4=

⑭ 5÷5=

⑮ 56÷7=

⑯ 24÷6=

⑰ 30÷6=

⑱ 0÷9=

⑲ 9÷1=

⑳ 81÷9=

⑦やく　お先にどうぞ。

わり算の文章題(ぶんしょうだい)①

1 あめが15こあります。
3人で同じ数ずつ分けると，1人分は何こになりますか。

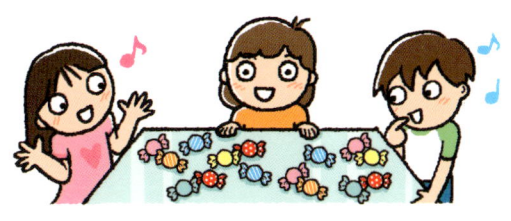

式10点・答え15点

式(しき)　□÷□＝□

答え　□こ

2 12本のえんぴつを4つのペンケースに同じ数ずつ入れます。
1つのペンケースに入るえんぴつは何本になりますか。

式10点・答え15点

式(しき)　＿＿＿＿

答え　＿＿＿＿

レッツ！えいご⑧　家の中のもの
chair
［チェア］

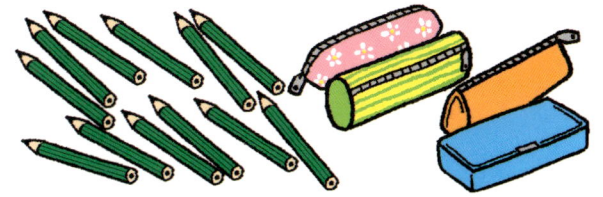

3 10mのリボンを5人で同じ長さずつ分けて使います。
1人分は何mになりますか。

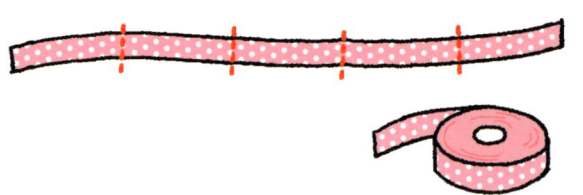

式 _____

答え _____

4 おり紙が32まいあります。
8人で同じ数ずつ分けると、1人分は何まいになりますか。

式 _____

答え _____

⑧やく　　いす

わり算の文章題 ②

1 花が35本あります。7本ずつたばにして、花たばをつくります。花たばは何たばできますか。

式⑩点・答え⑮点

式 □ ÷ □ = □

答え □ たば

2 クッキーを42まいやきました。1人に6まいずつ分けると、何人に分けることができますか。

式⑩点・答え⑮点

式 _____

答え _____

レッツ！えいご⑨　家の中のもの
sofa ［ソウファ］

3 18mのなわを3mずつ切ると，何本に分けることができますか。

式⑩点・答え⑮点

式 _____

答え _____

4 あいさんのクラスの人数は30人です。5人ずつのはんをつくります。はんは何ぱんできますか。

式⑩点・答え⑮点

式 _____

答え _____

⑨やく　ソファー

わり算の計算②

1 計算をしましょう。

① 9÷3＝

② 12÷3＝

③ 24÷4＝

④ 10÷5＝

⑤ 49÷7＝

⑥ 21÷3＝

⑦ 2÷2＝

⑧ 48÷8＝

⑨ 56÷8＝

⑩ 0÷2＝

⑪ 30÷5＝

⑫ 27÷9＝

⑬ 0÷7＝

⑭ 18÷9＝

⑮ 42÷6＝

⑯ 4÷4＝

⑰ 28÷4＝

⑱ 72÷9＝

⑲ 40÷5＝

⑳ 54÷9＝

desk
［デスク］

2 計算をしましょう。

① 7÷3= 2 あまり 1

② 8÷3= 2 あまり □

③ 9÷2=

④ 15÷4=

⑤ 18÷5=

⑥ 11÷2=

⑦ 28÷6=

⑧ 51÷7=

⑨ 10÷4=

⑩ 20÷6=

⑪ 42÷5=

⑫ 5÷2=

⑬ 49÷8=

⑭ 25÷7=

⑮ 10÷3=

⑩やく　つくえ

わり算の文章題③

1 ゼリーが27こあります。
1人に3こずつ分けると，何人に分けることができますか。

式 _____

答え _____

2 42ページの学習ドリルを7日間で終わらせるには，1日に何ページずつ進めればよいでしょう。

式 _____

答え _____

レッツ！えいご⑪
家の中のもの

table
[テイブル]

3 24cmのはり金を4等分のところでおり曲げて、正方形をつくります。この正方形の1つの辺の長さは何cmになりますか。 式10点・答え15点

式 _____

答え _____

4 36dLのお茶を、1本の水とうに4dLずつ入れていくと、何本の水とうにお茶を入れることができますか。 式10点・答え15点

式 _____

答え _____

⑪やく　テーブル

わり算の文章題 ④

1 16このあめを3こずつふくろに入れます。あめの入ったふくろは何ふくろできて，あめは何こあまりますか。

式 □ ÷ □ = □ あまり □

答え □ ふくろできて □ こあまる

2 20dLのジュースを1人3dLずつコップに入れて配ります。ジュースは何人に分けられて，何dLあまりますか。

式 _____

答え _____

3 75ページの本を1日に9ページずつ読むことにすると、何日間で読み終わりますか。

式 _____

答え _____

4 ばらの花が43本あります。5本ずつたばにして、花たばをつくります。花たばは、何たばできますか。

式 _____

答え _____

3けた・大きい数のたし算の計算

1 計算をしましょう。

① 135 + 322

② 357 + 436

③ 345 + 564

④ 482 + 64

⑤ 824 + 325

⑥ 498 + 541

⑦ 27 + 778

⑧ 607 + 3235

⑨ 1247 + 6652

⑩ 2863 + 6437

⑪ 308 + 5377

⑫ 7599 + 1522

clock
[クロック]

2 計算をしましょう。

 1つ 4点

① 3431
  +2325
  ─────

② 3002
  +6322
  ─────

③   243
  +3257
  ─────

④   45
  +6773
  ─────

⑤ 4338
  +6773
  ─────

⑥ 5041
  +3473
  ─────

⑦   673
  +5732
  ─────

⑧ 1342
  +6788
  ─────

⑨   634
  +723
  ────

⑩   521
  +234
  ────

⑪   531
  +364
  ────

⑫   475
  +655
  ────

⑬ 7684
  +2072
  ─────

3けた・大きい数のたし算の文章題（ぶんしょうだい）①

1　195円のたまごと123円のとうふを買うと，代金（だいきん）はいくらですか。

式10点・答え15点

式（しき）　□ ＋ □ ＝ □

答え　□ 円

2　78円のプリンと450円のケーキを買うと，代金（だいきん）はいくらですか。

式10点・答え15点

式（しき）＿＿＿＿＿＿＿＿

答え＿＿＿＿＿＿＿＿

レッツ！えいご⑭　家の中のもの
telephone
［テレフォウン］

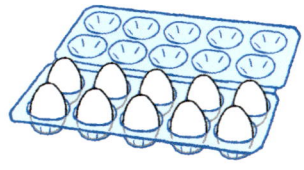

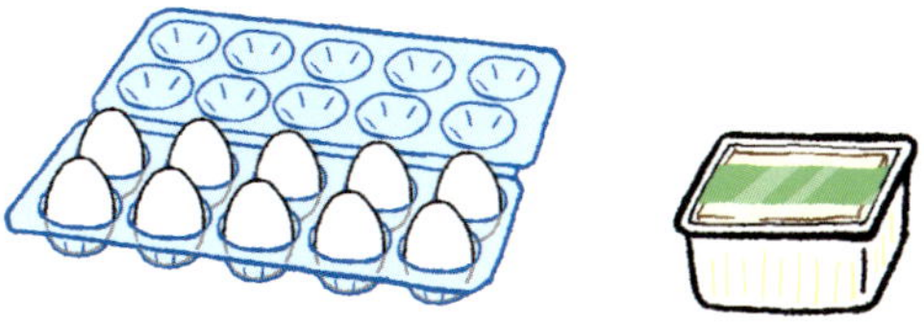

3 東小学校のじ童数は587人,西小学校のじ童数は608人です。東小学校と西小学校のじ童数をあわせると何人ですか。 式10点・答え15点

式 _____

答え _____

4 あおいさんは,きのう87ページ,今日135ページ,本を読みました。きのうと今日で,何ページ読みましたか。 式10点・答え15点

式 _____

答え _____

⑭やく　電話

3けた・大きい数のたし算の文章題②

1 345円のじょうぎと, 124円の消しゴムを買いました。代金は, いくらですか。

式 10点・答え 15点

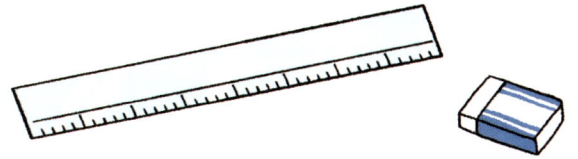

式 ☐ + ☐ = ☐

答え ☐ 円

2 りょうたさんの学校の男子の人数は267人, 女子の人数は256人です。全校のじ童数は, 何人ですか。

式 10点・答え 15点

式 ＿＿＿＿＿＿＿＿＿＿

答え ＿＿＿＿＿＿＿＿＿＿

　house
　　　　［ハウス］

3 けんたさんは、山登りをしています。午前に730m、午後に443mの山道を登ります。あわせて何m登ることになりますか。

式 _____

答え _____

4 297円のサンドイッチと367円のアップルパイを買いました。代金はいくらですか。

式 _____

答え _____

3けた・大きい数のひき算の計算

1 計算をしましょう。

① 487 − 103

② 314 − 197

③ 670 − 226

④ 800 − 368

⑤ 4562 − 3598

⑥ 6002 − 54

⑦ 525 − 520

⑧ 3220 − 1265

⑨ 9770 − 7850

⑩ 3015 − 798

⑪ 740 − 665

⑫ 8900 − 7660

2 計算をしましょう。

① 3215 − 1222

② 1765 − 982

③ 3498 − 55

④ 590 − 76

⑤ 9802 − 78

⑥ 4462 − 4388

⑦ 650 − 564

⑧ 234 − 122

⑨ 6670 − 6555

⑩ 2525 − 2429

⑪ 762 − 338

⑫ 303 − 197

⑬ 5352 − 650

3けた・大きい数のひき算の文章題①

1 あきさんのお父さんの身長は182cm，お母さんの身長は165cmです。お父さんの身長とお母さんの身長のちがいは，何cmでしょう。 式10点・答え15点

式 ______

答え ______

2 えりさんは，わり引きセールでもとのねだんが3000円のTシャツを，2540円で買いました。もとのねだんより，どれだけ安く買いましたか。

式10点・答え15点

式 ______

答え ______

レッツ！えいご⑰ 町の中のもの

police box
[ポリース　ボックス]

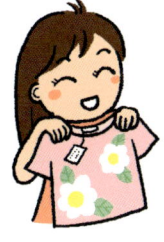

3 北小学校のじ童数は489人,南小学校のじ童数は702人です。
北小学校と南小学校では,どちらの小学校が何人多いですか。

式 _____

答え _____

4 オレンジジュースが1700mL,レモネードが1450mLあります。
どちらの飲み物がどれだけ多いでしょう。

式 _____

答え _____

3けた・大きい数のひき算の文章題②

1 225ページの本を，これまでに98ページまで読みました。
のこりは何ページですか。

式 10点・答え 15点

式 _____

答え _____

2 まさみさんは，4000円をもって買い物に行き，2980円のかさを買いました。のこりのお金はいくらですか。

式 10点・答え 15点

式 _____

答え _____

レッツ！えいご⑱ 町の中のもの
fire station
［ファイア ステイション］

3 865円のぶどうを買って、1000円さつを1まい出しました。おつりはいくらですか。

式⑩点・答え⑮点

式 _____

答え _____

4 こういちさんの学校の人数は全部で812人です。そのうち、学校の図書室で本をかりている人は687人です。本をかりていない人の数をもとめましょう。

式⑩点・答え⑮点

式 _____

答え _____

文章題の練習①

1 昼食に1750円のステーキと1080円のサラダを食べました。代金はあわせていくらですか。

式 _____

答え _____

2 画用紙が500まいあります。267人の子どもに1まいずつ配ると、のこりは何まいになりますか。

式 _____

答え _____

post office
［ポウスト オーフィス］

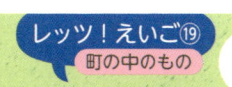

3 27このいちごを9人で同じ数ずつ分けます。
1人分は何こですか。　式⑩点・答え⑮点

式 _____

答え _____

4 走りはばとびをしています。ひろみさんは，1回目に267cm，2回目に289cmとびました。
1回目と2回目にとんだ長さの合計は何cmですか。　式⑩点・答え⑮点

式 _____

答え _____

文章題の練習②

1 30このチョコレートを4こ入りの箱につめています。4こ入りの箱は何箱できますか。

式 _____

答え _____

2 まさとさんの家から東駅までの道のりは765m，家から西駅までの道のりは875mです。どちらの駅がどれだけ近いですか。

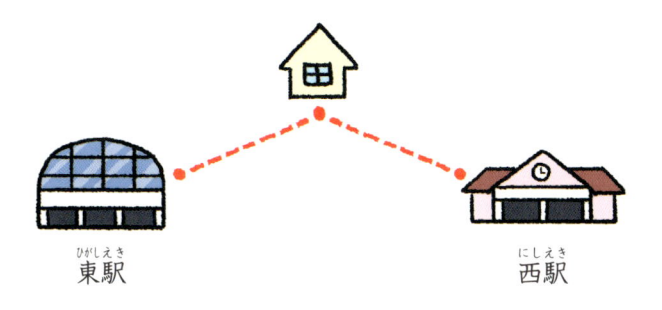

式 _____

答え _____

レッツ！えいご⑳ 町の中のもの
ZOO ［ズー］

3 長なわとびをしています。1組は3分間で189回，2組は3分間で243回とびました。1組と2組であわせて何回とびましたか。

式 _____

答え _____

4 28このあめがあります。1人に4こずつ配ると，何人に分けることができますか。

式 _____

答え _____

文章題の練習③

1 動物園の土曜日の入場者数は，3865人でした。日曜日は，土曜日よりも906人少ないそうです。日曜日の入場者数は何人ですか。

式 _____

答え _____

2 りんごが56こあります。1人に7こずつ分けると，何人に分けることができますか。

式 _____

答え _____

レッツ！えいご㉑ 町の中のもの
bridge ［ブリッジ］

3 のりよさんの身長は，127cmです。お兄さんの身長は，のりよさんよりも44cm高いです。のりよさんのお兄さんの身長をもとめましょう。

式(10)点・答え(15)点

式 _____

答え _____

4 54まいのトランプを6人で等しく分けます。1人分は何まいですか。

式(10)点・答え(15)点

式 _____

答え _____

答え

- 「考え方」を読みましょう。
- おうちの人に、「おうちの方へ」を読んでもらいましょう。

1日-1 時こくと時間の文章題① 1・2ページ

1 午前8時10分
2 午後1時
3 午後2時30分（午後2時半）
4 午後4時10分

1日-2 時こくと時間の文章題② 3・4ページ

1 30分（30分間）
2 1時間50分
3 1時間15分
4 50分（50分間）

1日-3 時こくと時間の文章題③ 5・6ページ

1 午前7時50分
2 午後2時50分
3 午後7時30分（午後7時半）
4 午後9時

おうちの方へ

10集まると、位が一つ上がるという十進法の位取りになれているお子様にとって、60進法で表される時刻と時間は、難しい内容です。時間という見えないものを図に表して考えたり、実際に時計の針を動かして考えたりすることで、60進法に慣れていきましょう。

2日-1 時こくと時間の文章題④ 7・8ページ

1 45分（45分間）
2 1時間30分
3 1時間10分
4 3時間10分

2日-2 時こくと時間の文章題⑤ 9・10ページ

1 午後2時50分
2 2時間10分
3 1分17秒
4 1分28秒

考え方

3 35+42=77
77秒＝1分17秒となる。

4 42+46=88
88秒＝1分28秒となる。

2日目-3 時こくと時間の文章題⑥ 11・12ページ

1. 午前9時45分
2. 午前10時30分（午前10時半）
3. 午前10時20分
4. 1分3秒

> **おうちの方へ**
> 時刻とは時の流れのある一点，時間とはある時刻からある時刻までの間隔を示します。
> 時計の長針の動きに伴って，短針が動いていることや，午前12時と午後0時と正午が同じ時刻であることなどに注意しましょう。

3日目-1 九九の計算／わり算の計算① 13・14ページ

1. ① 8 ② 9 ③ 14 ④ 40 ⑤ 72
   ⑥ 0 ⑦ 0 ⑧ 24 ⑨ 0 ⑩ 32
   ⑪ 54 ⑫ 64 ⑬ 28 ⑭ 63 ⑮ 30
   ⑯ 28 ⑰ 24 ⑱ 25 ⑲ 49 ⑳ 72

2. ① 2 ② 9 ③ 4 ④ 0 ⑤ 3
   ⑥ 3 ⑦ 4 ⑧ 7 ⑨ 8 ⑩ 9
   ⑪ 8 ⑫ 5 ⑬ 5 ⑭ 1 ⑮ 8
   ⑯ 4 ⑰ 5 ⑱ 0 ⑲ 9 ⑳ 9

3日目-2 わり算の文章題① 15・16ページ

1. 式　15÷3＝5　答え　5こ
2. 式　12÷4＝3　答え　3本
3. 式　10÷5＝2　答え　2m
4. 式　32÷8＝4　答え　4まい

3日-3 わり算の文章題②　17・18ページ

1 式　35÷7=5　　答え　5たば
2 式　42÷6=7　　答え　7人
3 式　18÷3=6　　答え　6本
4 式　30÷5=6　　答え　6ぱん

おうちの方へ

3日目はわり算の文章題です。3日目-2は，同じ数ずつ分けたときの1人分（1つ分）の数を求める問題です。3日目-3は，1人分（1つ分）が決まっていて，それが何人分（いくつ分）あるかを求める問題です。

4日-1 わり算の計算②　19・20ページ

1 ① 3　② 4　③ 6　④ 2　⑤ 7
　⑥ 7　⑦ 1　⑧ 6　⑨ 7　⑩ 0
　⑪ 6　⑫ 3　⑬ 0　⑭ 2　⑮ 7
　⑯ 1　⑰ 7　⑱ 8　⑲ 8　⑳ 6

2 ① 2あまり1　② 2あまり2　③ 4あまり1
　④ 3あまり3　⑤ 3あまり3　⑥ 5あまり1
　⑦ 4あまり4　⑧ 7あまり2　⑨ 2あまり2
　⑩ 3あまり2　⑪ 8あまり2　⑫ 2あまり1
　⑬ 6あまり1　⑭ 3あまり4　⑮ 3あまり1

4日-2 わり算の文章題③　21・22ページ

1 式　27÷3=9　　答え　9人
2 式　42÷7=6　　答え　6ページ
3 式　24÷4=6　　答え　6cm
4 式　36÷4=9　　答え　9本

4日目-3 わり算の文章題④　23・24ページ

1 式　16÷3=5あまり1
　　答え　5ふくろできて1こあまる

2 式　20÷3=6あまり2
　　答え　6人に分けられて2dLあまる

3 式　75÷9=8あまり3
　　答え　9日間

4 式　43÷5=8あまり3
　　答え　8たば

考え方
3 8日間読んで3ページのこっているので，9日間で読み終わる。

おうちの方へ
4日目-3は，あまりのあるわり算の文章題です。**3**・**4**は問題文をよく読んで答えましょう。**3**はあまりの分を読むにはもう1日必要なので「9日間」。**4**はあまりの分は花たばにならないので「8たば」が答えです。

5日目-1 3けた・大きい数のたし算の計算　25・26ページ

1 ①457　②793　③909　④546
　　⑤1149　⑥1039　⑦805　⑧3842
　　⑨7899　⑩9300　⑪5685　⑫9121

2 ①5756　②9324　③3500　④6818
　　⑤11111　⑥8514　⑦6405　⑧8130
　　⑨1357　⑩755　⑪895　⑫1130
　　⑬9756

5日目-2 3けた・大きい数のたし算の文章題①　27・28ページ

1 式　195+123=318　答え　318円
2 式　78+450=528　答え　528円
3 式　587+608=1195　答え　1195人
4 式　87+135=222　答え　222ページ

5-3 3けた・大きい数のたし算の文章題② 29・30ページ

1 式 345+124=469 答え 469円
2 式 267+256=523 答え 523人
3 式 730+443=1173 答え 1173m
4 式 297+367=664 答え 664円

おうちの方へ

3けたのたし算は，2けたのときと同じように，位をそろえて一の位から順に計算します。くり上がりが2回以上連続する計算は，特にていねいに計算するよううながしましょう。

6-1 3けた・大きい数のひき算の計算 31・32ページ

1 ①384 ②117 ③444 ④432
　 ⑤964 ⑥5948 ⑦5 ⑧1955
　 ⑨1920 ⑩2217 ⑪75 ⑫1240
2 ①1993 ②783 ③3443 ④514
　 ⑤9724 ⑥74 ⑦86 ⑧112
　 ⑨115 ⑩96 ⑪424 ⑫106
　 ⑬4702

6-2 3けた・大きい数のひき算の文章題① 33・34ページ

1 式 182−165=17 答え 17cm
2 式 3000−2540=460 答え 460円
3 式 702−489=213
　 答え 南小学校が213人多い
4 式 1700−1450=250
　 答え オレンジジュースが250mL多い

6日目-3 3けた・大きい数のひき算の文章題② 35・36ページ

1. 式 225−98=127　　　答え　127ページ
2. 式 4000−2980=1020　答え　1020円
3. 式 1000−865=135　　答え　135円
4. 式 812−687=125　　　答え　125人

おうちの方へ
3けたのひき算も、一の位から順にひいていきます。下の位にくり下げたときは、それを忘れずに計算するよう気をつけましょう。

7日目-1 文章題の練習① 37・38ページ

1. 式 1750+1080=2830　答え　2830円
2. 式 500−267=233　　答え　233まい
3. 式 27÷9=3　　　　　答え　3こ
4. 式 267+289=556　　答え　556cm

7日目-2 文章題の練習② 39・40ページ

1. 式 30÷4=7あまり2　答え　7箱
2. 式 875−765=110　　答え　東駅が110m近い
3. 式 189+243=432　　答え　432回
4. 式 28÷4=7　　　　　答え　7人

7日目-3 文章題の練習③ 41・42ページ

1. 式 3865−906=2959　答え　2959人
2. 式 56÷7=8　　　　　答え　8人
3. 式 127+44=171　　　答え　171cm
4. 式 54÷6=9　　　　　答え　9まい

おうちの方へ
7日目は、3日目〜6日目で学習した、たし算・ひき算・わり算を出題します。問題文をよく読んで答えましょう。